欢迎来到
怪兽学园

_____ 同学，开启你的**探索**之旅吧！

主角人物
阿思　阿麦

献给亲爱的衡衡和柔柔，以及所有喜欢数学的小朋友。

——李在励

献给我的女儿豆豆和暄暄，以及一起努力的孩子们！

——郭汝荣

图书在版编目（CIP）数据

超级数学课 . 7, 母亲节礼物 / 李在励著；郭汝荣绘. —北京：北京科学技术出版社，2023.12
（怪兽学园）

ISBN 978-7-5714-3349-9

Ⅰ. ①超… Ⅱ. ①李… ②郭… Ⅲ. ①数学—少儿读物 Ⅳ. ① O1-49

中国国家版本馆 CIP 数据核字（2023）第 211741 号

策划编辑：吕梁玉	**电　话**：0086-10-66135495（总编室）
责任编辑：金可砺	0086-10-66113227（发行部）
封面设计：天露霖文化	**网　址**：www.bkydw.cn
图文制作：杨严严	**印　刷**：北京利丰雅高长城印刷有限公司
责任印制：李　茗	**开　本**：720 mm×980 mm　1/16
出 版 人：曾庆宇	**字　数**：25 千字
出版发行：北京科学技术出版社	**印　张**：2
社　　址：北京西直门南大街 16 号	**版　次**：2023 年 12 月第 1 版
邮政编码：100035	**印　次**：2023 年 12 月第 1 次印刷
ISBN 978-7-5714-3349-9	

定　　价：200.00 元（全 10 册）

怪兽学园 超级数学课

7母亲节礼物

勾股定理　　李在励◎著　　郭汝荣◎绘

北京科学技术出版社
100层童书馆

手工教室

母亲节马上就要到了，怪兽学园组织小怪兽们为妈妈制作贺卡。佩佩老师为小怪兽们准备了五颜六色的卡纸和丝带。每个小怪兽都在认真制作着，阿麦和阿思也不例外。

阿麦和阿思想制作拼贴画贺卡。

阿麦精心挑选了一张蓝色的正方形卡纸，用尺子和铅笔在上面画了一些三角形和正方形。阿思也选了一张同样大小的粉色卡纸，也在上面画了一些三角形和正方形。

他们打算把这些图形剪下来，用作装饰。

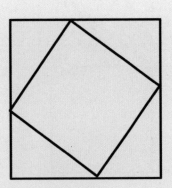
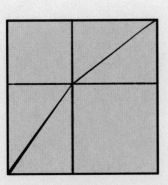

看着画好的图形，阿思对阿麦说："我发现咱们都画了4个三角形，但我画了两个正方形，你只画了一个。"

阿麦看了看阿思画的图形，又看了看自己画的图形说："我们画的三角形一样大，但正方形的个数和大小不同。"

佩佩老师给大家的卡纸是一样大的，阿麦和阿思画的三角形的个数和大小也是一样的，这意味着什么？

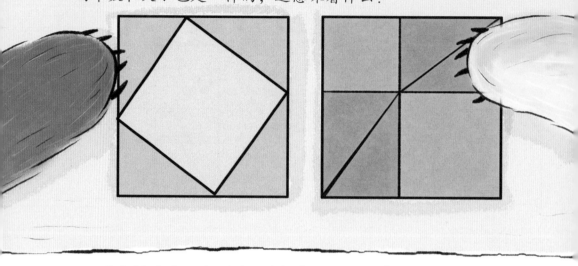

"去掉这些三角形后，咱们卡纸剩下的部分应该也一样大！"阿思说。"有道理，所以这两个小正方形的面积加起来应该和大正方形的面积一样大。"一旁的阿麦点点头说道。

阿麦和阿思画的这些三角形都有一个直角，这意味它们都是直角三角形。正方形的边好像和这些三角形的边有着某种联系……

于是，阿麦和阿思开始了他们的探索之旅。

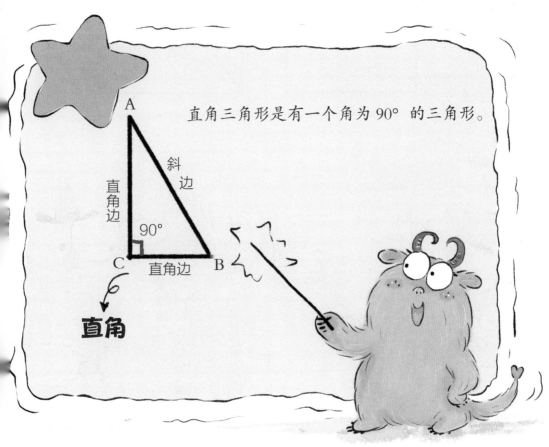

直角三角形是有一个角为 90° 的三角形。

我画的正方形的边长和三角形最长的这条斜边一样长，你画的两个正方形的边长分别和三角形的两条直角边一样长。也许我们可以用尺子量一下，看看这些边有多长。

单位：厘米

阿麦和阿思很快就量出了每条边的长度：三角形的 3 条边分别长 3 厘米、4 厘米和 5 厘米；阿麦画的正方形的边长是 5 厘米；阿思画的两个正方形的边长分别是 3 厘米和 4 厘米。

单位：厘米

你还记得怎么计算正方形的面积吗?

当然记得啦! 佩佩老师上周刚讲过, 我们可以把大正方形分成很多个边长是1厘米的小正方形, 每个小正方形的面积是1平方厘米。算一算大正方形里有多少个小正方形就知道大正方形的面积了。

是的，大正方形每一排和每一列的小正方形都一样多，所以计算正方形的面积就是用边长乘边长。

正方形的面积 = 边长 × 边长 = 边长^2

（正方形面积的计算公式）

我们根据测量结果算一下正方形的面积吧，看看是不是像我们一开始想的那样。我画的两个正方形的面积加起来等于你画的一个正方形的面积。

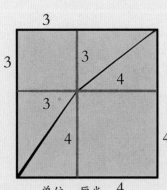

单位：厘米

$3 \times 3 = 9$（平方厘米）

$4 \times 4 = 16$（平方厘米）

我画的两个正方形的面积分别是 9 平方厘米和 16 平方厘米，两个正方形面积加起来等于 25 平方厘米。

$9 + 16 = 25$（平方厘米）

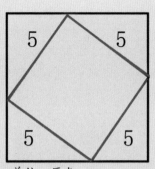

单位：厘米

$5 \times 5 = 25$（平方厘米）

我画的正方形的面积正好是25平方厘米，完全一样！

课间，两个小怪兽不约而同地冲上了讲台，激动地向其他小怪兽介绍他们的发现。

佩佩老师听完后，提了个建议："你们可以把画好的三角形和正方形都剪下来，看看 3 个正方形摆在一起，中间会围成什么图形。"

阿麦和阿思很快完成了任务，在 3 个正方形中间围出了一个三角形。这个三角形和他们之前画的三角形一模一样，正好是一个直角三角形。

好好学习 天天向上

你们俩发现的这个规律其实数学家们早就发现了。如果一个三角形是直角三角形，利用它的 3 条边分别画 3 个正方形，那么利用直角边画出的两个小正方形的面积之和正好等于利用斜边画出的大正方形的面积。

巧手小课堂

佩佩老师很高兴阿麦和阿思发现了这个规律。

"反过来也成立吗？就像我们刚才那样，用 3 个正方形的边一定能拼出一个直角三角形吗？"阿思连忙问。

佩佩老师想了想，从制作贺卡的材料里取出一根丝带，每隔一段相等的距离就打一个结，在丝带上一共打了 13 个结。最后，她把丝带两端多余的部分剪掉。

她拿着丝带对两个小怪兽说："你们数数这条丝带上有几小段？"

1 2 3 4 5 6 7 8 9 10

阿麦和阿思很快就数好了，一共有 12 段。

佩佩老师用这根丝带在桌上围成一个直角三角形，每条边分别有 3 段、4 段和 5 段。

阿思看了看用丝带做的三角形，又看了看之前从卡纸上剪下的三角形说："这个三角形和我们的三角形很像，只是大小不一样。"

你们的三角形的边长分别是 3 厘米、4 厘米和 5 厘米，我做的三角形 3 条边上的丝带分别分为 3 段、4 段和 5 段。虽然大小不同，但它们都有一个角是直角。直角三角形的应用很广泛。例如，古代的工匠们在建房子时，就是用打绳结的办法来构造直角三角形的。

巧手小课堂

"你们已经发现了 3×3+4×4=5×5，这个等式也可以写成 $3^2+4^2=5^2$。数学家们发现直角三角形的 3 条边长总能写成这样的等式，即两条直角边的平方和等于斜边的平方，于是就称其为勾股定理，而 3、4、5 就被称为一组勾股数。"佩佩老师又问同学们："你们可以自己判断一下，5、6、7 是不是一组勾股数？"

$$5 \times 5 = 25$$

$$6 \times 6 = 36$$

$$7 \times 7 = 49$$

25+36 不等于 49。

所以，5、6、7不是勾股数，边长分别为5、6、7的三角形没有直角！

事实上，3、4、5是唯一的连续数字组成的勾股数，也是最小的勾股数。

3、4、5同时乘以相同的数，得到的3个数也是勾股数，比如6、8、10。

$$6×6=6^2=36 \qquad 8×8=8^2=64$$
$$10×10=10^2=100 \qquad 36+64=100$$
$$6^2+8^2=10^2$$

你们还能想出别的勾股数吗？

阿麦和阿思怎么也想不出来。

佩佩老师说："今年的母亲节是 5 月 13 日，5 和 13 正好是一组勾股数中的两个，你们能算出剩下的那个数吗？"

这一次，阿思和阿麦根据勾股定理很快就算出了剩下的那个数。

"也许我们可以把这个问题写在贺卡上考考妈妈。"阿思建议。

"我同意！"阿麦笑了，他很好奇妈妈究竟能不能回答这个问题。

亲爱的小朋友，你知道剩下的那个数是多少吗？

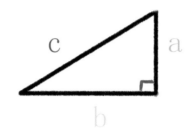
勾股定理是一个基本的几何定理，指直角三角形的两条直角边的平方和等于斜边的平方。勾股数指的是符合勾股定理的正整数组。

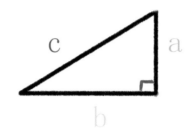

$$a \times a + b \times b = a^2 + b^2 = c^2$$

中国古代称直角三角形为勾股形，直角边中较短者为勾，较长者为股，斜边为弦。中国古代的数理天文学著作《周髀算经》中记录着商高与周公的一段对话。商高说："……故折矩，以为勾广三，股脩四，径隅五。"后来，人们就把它简单地说成"勾三股四弦五"，把勾股定理称为商高定理。

怪兽心目中的商高

怪兽心目中的居

在西方，古巴比伦人很早就知道和应用勾股定理，他们还知道许多勾股数。

古埃及人在建筑宏伟的金字塔和测量土地时，也用过勾股定理。

西方最早提出并证明此定理的为公元前 6 世纪古希腊的毕达哥拉斯学派。他们证明了勾股定理后，曾宰牛百头，广设盛宴以庆贺。因此，西方称勾股定理为毕达哥拉斯定理或百牛定理。

勾股定理约有 500 种证明方法，是数学定理中证明方法最多的定理之一。勾股定理是人类早期发现并证明的重要定理之一，也是历史上第一个把几何与代数联系起来的定理。

拓展练习

1. 一个直角三角形的两条直角边分别是 5 厘米和 12 厘米，斜边是多长？

2. 一个三角形的 3 条边分别长 2 厘米、3 厘米和 4 厘米，它是直角三角形吗？

1. 13厘米。2. 不是。